爱护电力设施
争当护"电"使者

主 编 贵州省电机工程学会 黄华英
主 审 贵州省电机工程学会 刘 琨 张 涛 颜 霞

中国水利水电出版社
www.waterpub.com.cn

内 容 提 要

随着国民经济的快速发展，全国电力"十二五"建设发展规划已经启动，电网大规模建设将全面铺开。为了加强电力设施保护，增强公众电力设施保护意识，建立健全电力设施安全保障机制，确保电力设施安全和电力可靠供应，我们编写了《爱护电力设施 争当护"电"使者》这本图文并茂、形象生动、集科普知识与法律法规知识为一体的宣传画册。

本画册结合《电力设施保护条例》的内容进行了梳理、配图，图文并茂、寓教于乐。

本画册不仅是电力系统专业人员的读本，更是面向社会、面向大众普及法制教育、提升法制观念、增强电力设施保护意识的雅俗共赏的一本好书。

图书在版编目（ＣＩＰ）数据

爱护电力设施：争当护"电"使者 / 黄华英主编
－－ 北京：中国水利水电出版社，2011.10
 ISBN 978-7-5084-9084-7

Ⅰ．①爱… Ⅱ．①黄… Ⅲ．①电气设备－保护－普及读物 Ⅳ．①TM7-49

中国版本图书馆CIP数据核字(2011)第211978号

书　　名	**爱护电力设施　争当护"电"使者**
作　　者	主　编　贵州省电机工程学会　黄华英
出版发行	中国水利水电出版社 （北京市海淀区玉渊潭南路1号D座　100038） 网址：www.waterpub.com.cn E-mail：sales @ waterpub.com.cn 电话：(010) 68367658（发行部）
经　　售	北京科水图书销售中心（零售） 电话：(010) 88383994、63202643、68545874 全国各地新华书店和相关出版物销售网点
排　　版	中国水利水电出版社装帧出版部
印　　刷	北京鑫丰华彩印有限公司
规　　格	130mm×184mm　32开本　1印张　14千字
版　　次	2011年10月第1版　2013年5月第3次印刷
印　　数	17001—22000册
定　　价	9.00元

前　言

随着国民经济的不断发展，近年来，电力需求持续增长，电力生产安全形势总体平稳，但盗窃、破坏电力设施的违法犯罪行为以及人为损坏电力设施的情况仍时有发生，因而严重危及人民群众的生产、生活，同时也严重危害电力系统的安全可靠运行，并给社会造成了重大经济损失。

为增强电力设施保护意识，建立健全电力设施安全保障机制，加强电力设施保护，确保电力设施安全和电力可靠供应，我们编写了这本图文并茂、形象生动、集科普与法律法规知识为一体的宣传画册。本画册不仅是电力系统专业人员的读本，更是面向社会、面向大众普及法制教育、提升法制观念、增强电力设施保护意识的雅俗共赏的一本好书。

本画册由贵州省电机工程学会黄华英主编，刘强、张涛、颜霞主审。参加本画册审核的人员还有李涟叶、李旭东、杨永祥、瓦军、黄顺丽、肖符、张麾、丁宇洁等，在此一并表示感谢。

让我们在寓教于乐中学习、宣传《电力设施保护条例》吧！

贵州省电机工程学会　黄华英

2011年9月

目　录

电与我们的生活息息相关

随着时代的飞速发展，人类文明的进步，电的重要性日益凸显出来。电——这个平常的能源，对我们的生活是多么的重要啊！如今，高科技处处影响着我们的生活，使我们的工作变得更加方便、快捷，生活变得更加丰富多彩。但是，这些高科技的产品，大都是需要电的，所以，电与我们的生活息息相关。

有了电，人们可以方便地烹煮食物；有了电，人们可以在夜幕的笼罩中看到光亮；有了电，人们可在五彩缤纷的世界中享受到更多的生活乐趣与幸福。我们深深地感受到我们幸福的生活离不开电，正如鱼离不开水一样。因此，当我们享受到"电"给我们带来乐趣与幸福时，就应该更加珍惜电，珍惜电与我们生活紧密相连的点点滴滴，珍惜我们"鱼水"相依的关系。

朋友，因为有了电，人们在工作、生活中省时省力的例子举不胜举，电给我们提供的方便快捷随处可见，现在你该知道保护电力设施的重要性了吧，只有保护好电力设施，才能让源源不断的电流安全、稳定地送到你需要的地方，不是吗？

朋友，你知道电力设施的保护范围和公民应尽的义务吗？

今天，我们就一起来学习、宣传《中华人民共和国电力法》、《电力设施保护条例》吧。

《电力设施保护条例》中规定，已建或在建的电力设施包括发电设施、变电设施、电力线路设施、电力专业通信设施及其有关辅助设施；电力设施的保护实行电力管理部门、公安部门、电力企业和人民群众相结合的原则；任何单位和个人都有保护电力设施的义务，对危害电力设施的行为，有权制止并向电力管理部门、公安部门报告。

我们知道了"电力设施"都包括什么，就要对这些"电力设施"加以保护，保护好"电力设施"，也就保障了我们的生产和生活。

电能是现代社会最基本的能源，人们几乎时时刻刻都离不开它。"电力设施"是电能生产、输送、供应的载体，是重要的社会公用设施。由于电能是依靠遍布各地的电力设施来输送的，所以，防止电力设施的损坏，努力保护电力设施的安全是每一个公民义不容辞的责任和义务。

你知道发电设施、变电所设施的保护范围吗？

发电设施、变电所设施的保护范围是：

1. 发电厂、变电站、换流站、开关站等到厂、站内的设施。

2. 发电厂、变电站外各种专用的管道（沟）、储灰场、水井、泵站、冷却水塔、油库、堤坝、铁路、道路、桥梁、码头、燃料装卸设施、避雷装置、消防设施及其有关辅助设施。

3. 水力发电厂使用的水库、大坝、取水口、引水隧洞（含支洞口）、引水渠道、调压井（塔）、露天高压管道、厂房、尾水渠、厂房与大坝间的通信设施及其有关辅助设施。

4. 风力发电场所的风机、铁塔、塔下电子箱、联网设施及其辅助设施。

这些都是我们要重点保护的电力设施。

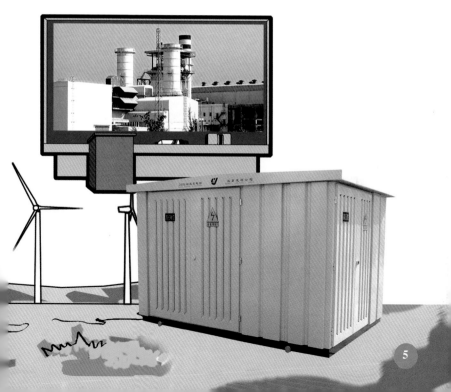

你知道任何单位和个人不得从事的危害发电设施、变电设施及其辅助设施的行为有哪些吗?

1. 不得闯入发电厂、变电站内扰乱生产和工作秩序，或者移动、损坏发电、变电场所用于生产的设备、器材和安全生产标志。

2. 不得在用于输水、输油、供热、排灰等电力专用管道（沟）保护区以及风力发电机塔架基础周围10米内或者发电厂灰场范围内进行取土、挖沙、采石、打

桩、钻探、破坏植被等危及输水、输油、供热、排灰等管道（沟）的安全运行的行为。

3. 不得在用于输水、输油、供热、排灰等电力专用管道（沟）保护区以及风力发电机塔架基础周围10米内兴建建筑物、构筑物，倾倒垃圾、矿渣，排放酸、碱、盐及其他有害化学物品，堆放易燃易爆物品。

4. 不得在距电力设施周围500米范围内（指水平距离）进行爆破作业。

5. 不得在用于水力发电的水库内或进入距水工建筑物300米区域内炸鱼、捕鱼、游泳、划船及其他可能危及水工建筑物安全的行为。

6. 不得在发电、变电站围墙向外延伸5米内堆放谷物、草料、木材、秸秆、易燃易爆物品或者焚烧物体。

7. 不得破坏、损坏、盗窃、哄抢发电、变电设施及专用铁路、公路、桥梁、码头设施器材。

8. 不得向风力发电设施射击或者抛掷物体；在风力发电设施保护区域内放风筝或者其他飘浮物，焚烧物体，进行爆破或者从事有污染的作业。

9. 不得进行其他危害发电、变电设施及其辅助设施的活动。

你知道电力线路设施的保护范围吗?

电力线路设施的保护范围主要是:

1. 架空电力线路:杆塔、基础、拉线、接地装置、导线、避雷线、金具、绝缘子、登杆塔的爬梯和脚钉,导线跨越航道的保护设施,巡(保)线站,巡视检修专用道路、船舶和桥梁,标志牌及有关辅助设施。

2. 电力电缆线路:架空、地下、水底电力电缆和电缆联结装置,电缆管道、电缆隧道、电缆沟、电缆桥,电缆井、盖板、人孔、标石、水线标志牌及其有关辅助设施。

3. 电力线路上的变压器、电容器、电抗器、断路器、隔离开关、避雷器、互感器、熔断器、计量仪表装置、配电室、箱式变电站及其有关辅助设施。

4. 电力调度设施:电力调度场所、电力调度通信设施、电网调度自动化设施、电网运行控制设施。

你知道任何单位和个人不得从事的危害电力线路设施及其辅助设施的行为有哪些吗?

1. 要爱护电力设施,不得向电力线路设施射击或者抛掷物体。

2. 不得在架空电力线路的导线两侧各300米的区域内放风筝或者其他飘浮物。

3. 不得擅自在电力线路上连接、操作电器设备。

4. 不得擅自攀登电力线路的杆塔或在杆塔上架设电力线、通信线、广播线,安装广播喇叭。

5. 不得利用杆塔、支柱和拉线拴牲畜、悬挂物体、攀附农作物。

6. 不得在杆塔、支柱、拉线基础周围10米内取土、打桩、钻探、开挖或倾倒酸、碱、盐及其他有害化学物品。

7. 不得在电力线路的杆塔支柱间或者杆塔和拉线之间修筑道路。

8. 不得拆卸杆塔和拉线上的器材，移动、损坏永久性标志或标志牌。

9. 不得进行其他危害电力线路设施的活动。

你知道电力线路保护区有几种吗?

电力线路保护区分为两种:一是架空电力线路保护区;二是电力电缆线路保护区。

你知道什么叫架空电力线路吗?

利用杆塔或其他建筑工程的支架,并借助绝缘子和金具将导线架设于空间向用户配送电能的电力线路叫架空电力线路。

你知道架空电力线路保护区是怎样设置的吗?

　　架空电力线路保护区是指为了保证已建架空电力线路的安全运行和保障人民生活的正常供电而必须设置的安全区域。

　　架空电力线路保护区是指导线边线向外侧水平延伸,并垂直于地面所形成的两平行面内的区域。在一般地区各级电压导线的边线延伸距离如下:

1~10千伏	5米
35~110千伏	10米
154~330千伏	15米
500千伏	20米

　　在厂矿、城镇等人口密集地区,架空电力线路保护区的区域可略小于上述规定,但各级电压导线边线延伸的距离不应小于导线边线在最大计算弧垂及最大计算风偏后的水平距离和风偏后距建筑物的安全距离之和。

你知道任何单位或个人在架空电力线路保护区内必须遵守的规定有哪些吗?

1. 不得堆放谷物、草料、垃圾、矿渣、易燃物、易爆物及其他影响安全供电的物品。

2. 不得烧窑、烧荒;不得兴建建筑物、构筑物。

3. 不得种植可能危及电力设施和供电安全的树木、竹子等高秆植物。

4. 不得在35千伏及以下电力线路杆塔、拉线周围5米的区内进行取土、打桩、钻探、开挖或倾倒酸、碱、盐及其他有害化学物品的活动。

5. 不得在66千伏及以上电力线路杆塔、拉线周围10米区内进行取土、打桩、钻探、开挖或倾倒酸、碱、盐及其他有害化学物品的活动。

你知道在人口密集地区，架空电力线路距建筑物的水平安全距离是多少吗？

在厂矿、城镇、集镇、村庄等人口密集地区，架空电力线路保护区为导线边线在最大计算风偏后的水平距离和风偏后距建筑物的水平安全距离之和所形成的两平行线内的区域。各级电压导线边线在计算导线最大风偏情况下，距建筑物的水平安全距离如下：

1千伏以下	1.0米
1~10千伏	1.5米
35千伏	3.0米
66~110千伏	4.0米
154~220千伏	5.0米
330千伏	6.0米
500千伏	8.5米

你知道架空电力线路导线与树木之间的安全距离是多少吗?

　　随着城市化建设进程的发展，根据城市绿化规划的要求，必须在已建架空电力线路保护区内种植树木时，园林部门需与电力管理部门协商，征得同意后，可种植低矮树种，并由园林部门负责修剪以保持树木自然生长最终高度和架空电力线路导线之间的距离符合安全距离的要求。

　　架空电力线路导线在最大弧垂或最大风偏后与树木之间的安全距离为:

电压等级	最大风偏距离	最大垂直距离
35～110千伏	3.5米	4.0米
154～220千伏	4.0米	4.5米
330千伏	5.0米	5.5米
500千伏	7.0米	7.0米

　　相关责任部门要随时监督护理好架空电力线路保护区内种植的树木，不得超过安全距离。

你知道什么是电力电缆吗?

电力电缆是在电力系统中传输或分配大功率电能用的电缆。其特点是：节约空间，安全可靠，电击可能性小，维护工作量少，美观实用，为现代规划所需要。

你知道电力电缆线路保护区是怎样设置的吗?

电力电缆线路保护区是为了确保电力电缆线路不受损害而设置的安全区域。

地下电缆线路保护区为电缆线路地面标桩两侧各0.75米所形成的两平行线内的区域。

海底电缆线路保护区一般为线路两侧各2海里（港内为两侧各100米）。江河电缆线路保护区一般不小于线路两侧各100米（中、小河流一般不小于各50米）所形成的两平行线内的水域。

你知道在电力电缆线路保护区内必须遵守的规定有哪些吗?

1. 不得在地下电缆保护区内堆放垃圾、矿渣、易燃物、易爆物，倾倒酸、碱、盐及其他有害化学物品，兴建建筑物或种植树木、竹子。

2. 不得在海底电缆保护区内抛锚、拖锚。

3. 不得在江河电缆保护区内抛锚、拖锚、炸鱼、挖沙。

4. 不得擅自在电缆沟道中施放各类缆线。不得进行其他危害电力电缆线路设施的活动。

你知道风力发电设施主要包括哪些吗?

　　风能作为一种清洁的可再生能源,越来越受到人们的重视。风力发电机组大体上由风轮(包括尾舵)、发电机和铁塔三大部分组成。风轮是把风的动能转变为机械能的重要部件,它由两只(或更多只)螺旋桨形的叶轮组成;发电机的作用是把由风轮得到的恒定转速,通过升速传递给发电机构,因而把机械能转变为电能;铁塔是支撑风轮、尾舵和发电机的构架。

　　风力发电设施主要是指风轮(包括尾舵)、发电机和铁塔、塔下电子箱、联网设施及其辅助设施。

　　风力发电设施大都暴露在旷野,保护风力发电设施显得格外重要。

你知道应该自觉遵守的保护风力电力设施的规定有哪些吗？

1. 不得向风力电力设施风轮射击。

2. 不得向风轮、发电机、铁塔抛掷物体。

3. 不得在风力电力设施保护区域内放风筝及其他飘浮物。

4. 不得擅自攀登风电铁塔或在杆塔上架设电力线、通信线、广播线，安装广播喇叭。

　　5. 不得利用铁塔作起重牵引地锚；或在铁塔上拴牲畜、悬挂物体、攀附农作物。

　　6. 不得在铁塔基础的规定范围内取土、打桩、钻探、开挖或倾倒酸、碱、盐及其他有害化学物品；进行爆破或者从事有污染的作业；不得进行其他危害风力发电、变电设施及其辅助设施的活动。

你知道对于保护电力设施的奖励与危害电力设施的惩罚是怎样规定的吗？

电力管理部门对检举、揭发破坏电力设施或哄抢、盗窃电力设施器材的行为符合事实的单位或个人，给予2000元以下的奖励；对同破坏电力设施或哄抢、盗窃电力设施器材的行为进行斗争并防止事故发生的单位或个人，给予2000元以上的奖励；对为保护电力设施与自然灾害作斗争，成绩突出或为维护电力设施安全做出显著成绩的单位或个人，根据贡献大小，给予相应的物质奖励。

对维护、保护电力设施作出重大贡献的单位或个人，除按以上规定给予物质奖励外，还可由电力管理部门、公安部门或当地人民政府根据各自的权限给予表彰或荣誉奖励。

下列危害电力设施的行为，情节显著轻微的，由电力管理部门责令改正；拒不改正的，处1000元以上10000元以下罚款：

1. 损坏使用中的杆塔基础的。

2. 损坏、拆卸、盗窃使用中或备用塔材、导线等电力设施的。

3. 拆卸、盗窃使用中或备用变压器等电力设备的，破坏电力设备、危害公共安全构成犯罪的，依法追究其刑事责任。

　　下列违反《电力设施保护条例》的行为，尚不构成犯罪的，由公安机关依据《中华人民共和国治安管理处罚条例》予以处理：

　　1. 盗窃、哄抢库存或者已废弃停止使用的电力设施器材的。

　　2. 盗窃、哄抢尚未安装完毕或尚未交付使用单位验收的电力设施的。

　　3. 其他违反治安管理的行为。

　　电力管理部门为保护电力设施安全，对违法行为予以行政处罚，应当依照法定程序进行。

爱护电力设施
争当护"电"使者